U0581904

外来入侵物种防控系列丛书

外来物种入侵科普问答

农业农村部农业生态与资源保护总站　编

中国农业出版社
北　京

图书在版编目（CIP）数据

外来物种入侵科普问答 / 农业农村部农业生态与资源保护总站编. -- 北京：中国农业出版社，2025.5（2025.7重印）. （外来入侵物种防控系列丛书）. -- ISBN 978-7-109 -33203-4

Ⅰ. Q16-49

中国国家版本馆CIP数据核字第2025AU7033号

中国农业出版社出版

地址：北京市朝阳区麦子店街18号楼

邮编：100125

责任编辑：郑　君

版式设计：小荷博睿　　责任校对：吴丽婷

印刷：北京印刷集团有限责任公司

版次：2025年5月第1版

印次：2025年7月北京第3次印刷

发行：新华书店北京发行所

开本：850mm×1168mm　1/32

印张：1

字数：23千字

定价：20.00元

版权所有·侵权必究

凡购买本社图书，如有印装质量问题，我社负责调换。

服务电话：010-59195115　010-59194918

编委会

主　编：王　瑞　张　驰　宋　振　顾党恩

副主编：曹晶晶　孙俊立　刘万学　段青红

　　　　刘代丽

参　编：(按姓氏笔画排序)

王　航　韦　慧　叶　莺　米增露

李　帅　李家美　余梵冬　汪学杰

张　俊　张　震　张乐琦　陈柏桦

房　苗　孟子萱　赵美玉　段林华

徐　猛　郭建英　黄宏坤　舒　璐

前言

　　外来物种入侵是一场无声的生态危机，在当前全球化背景下，我国也正在遭受外来物种入侵的问题。目前我国确定的外来入侵物种已超过600种，它们的扩散蔓延已对我国的生态环境和人民的生产生活造成了不同程度的危害。这些外来入侵物种或由自然媒介传播入境，或因人类活动无意带入，或为美化环境有意引入，却因缺乏天敌等因素而大面积发生甚至暴发成灾。非法放生和异宠市场的需求增加，导致更多外来物种入侵，威胁生态安全和公共健康。我国高度重视生物安全管理工作，同时强调普及相关知识和提升公众意识的重要性。为了有效防控外来物种入侵，全社会需共同参与，采取一系列措施，如加强科普教育、法治宣传、针对性治理技术研发以及国际合作。这些措施旨在提升公众的风险防范意识和能力，鼓励公众积极参与源头治理和早期监测预警等防控工作，从而有效预防和控制外来物种入侵，维护生态平衡，实现人与自然的和谐共生。

目录

1

什么是外来入侵物种？外来物种和外来入侵物种的区别是什么？

外来物种： 是指在中华人民共和国境内无天然分布，经自然或人为途径传入的物种，包括该物种所有可能存活和繁殖的部分。外来物种不一定都是有害的，只有当它们在新环境定殖，并对当地生态系统、经济或社会造成损害时，才被称为外来入侵物种。

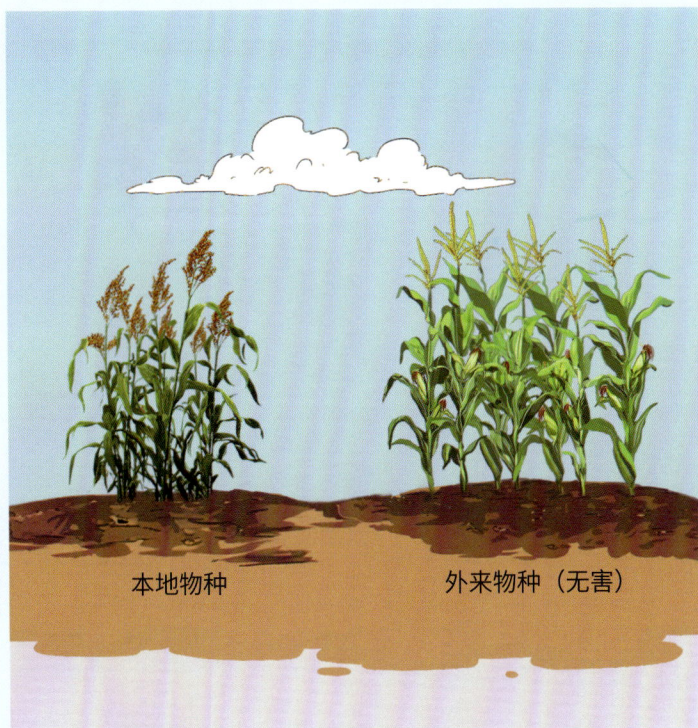

本地物种　　　　　　　　外来物种（无害）

外来入侵物种：是指那些传入、定殖并对生态系统、生境、本地物种带来威胁或者危害，影响我国生态环境，损害农林牧渔业可持续发展和生物多样性的外来物种。它们通常具有快速繁殖、适应性强和缺乏天敌等特点。

本地物种　　　　　　　　外来入侵物种（有害）

2

外来入侵物种会造成哪些问题？为什么？

2.1 外来入侵物种如何影响本地生态系统？

外来入侵物种可通过竞争资源、捕食本地物种、引入疾病或改变生态环境等方式，对本地生态系统造成负面影响。外来入侵物种能够破坏食物链，导致本地物种的数量减少甚至灭绝。

巴西龟侵占河流、湖泊

2.2 外来入侵物种对农业、林业和其他行业有哪些影响？

外来入侵物种常会危害农作物、林木和其他经济资源，增加农药的使用，从而提高生产成本，影响农业和林业的可持续发展。比如美国白蛾入侵后会大量啃食树木叶片，对林业造成损失。加拿大一枝黄花常入侵城镇庭园、郊野、荒地、河岸、高速公路和铁路沿线等处，阻碍交通和公众日常活动；入侵低山疏林湿地生态系统和农田，严重消耗土壤肥力，妨碍本地植物和农作物的生长，导致生物多样性降低和农作物产量、品质下降。

加拿大一枝黄花大量繁殖、扩散，侵占铁路

美国白蛾幼虫啃食树叶后在树杈上留下白色的幕网

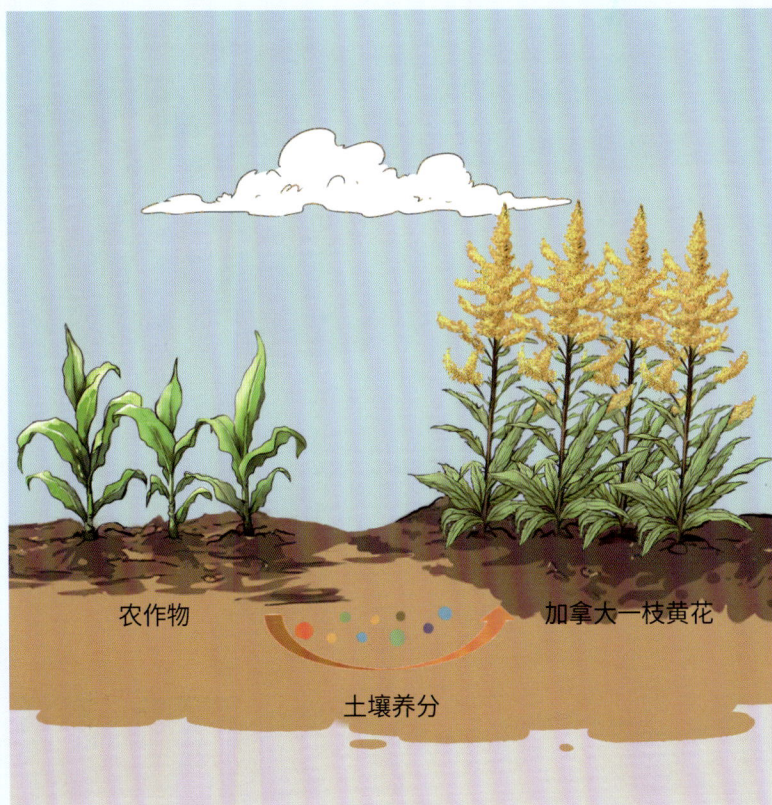

农作物

加拿大一枝黄花

土壤养分

2.3 外来入侵物种对人类健康是否有潜在风险？

某些外来入侵物种可能携带病原体，或其本身对人类有毒，从而对人类健康构成威胁。例如：

➤ 豚草散播的花粉引起人体过敏，产生鼻塞、咳嗽、咽喉肿痛、头晕头痛等症状，严重时可致人哮喘、呼吸困难甚至死亡。

豚草花粉散播

头晕头痛　　咳嗽

呼吸困难　　鼻塞

外来物种入侵
科普问答

▶ **红火蚁会攻击蜇伤人类。**红火蚁以上颚钳住人的皮肤，以腹部末端的螯针对人体连续叮蜇，每次叮蜇时都从毒囊中释放毒液。人体被红火蚁叮蜇后有如火灼伤般疼痛感，其后会出现如灼伤般的水疱。多数人仅感觉疼痛、不舒服，少数人对毒液中的毒蛋白过敏，会产生过敏性休克，有死亡的危险。如水疱或脓包破掉，不注意清洁卫生时易引起细菌二次感染。

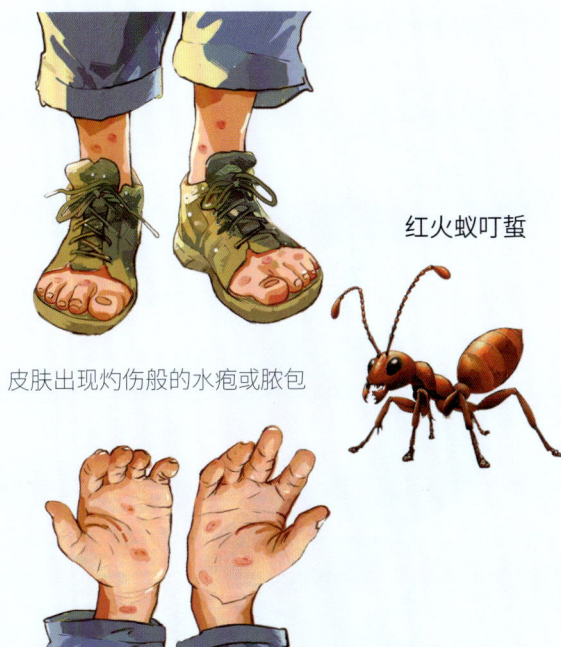

红火蚁叮蜇

皮肤出现灼伤般的水疱或脓包

► 褐云玛瑙螺，俗称非洲大蜗牛，是很多寄生虫和病原体的中间宿主，比如：广州管圆线虫——可致脑膜脑炎、脊髓膜炎和脊髓炎，可使人致死或致残；肺炎克雷伯菌——可致细菌性肺炎和多发性脓肿；克罗诺杆菌——可引起婴幼儿菌血症、脑膜炎、坏死性小肠结肠炎等。它身体分泌的黏液中极有可能包含这些寄生虫和病原体，如果手上有伤口或接触后有吸吮手指等行为，都有感染的风险，所以最好不要直接用手触摸它们。

非洲大蜗牛可能传播传染病和寄生虫

脑膜脑炎

细胞性肺炎

坏死性小肠结肠炎

▶ 美洲大蠊和德国小蠊是我国常见的两种蟑螂，都属于外来入侵物种，常在居民区出没。美洲大蠊的排泄物和蜕落的表皮带有过敏原，可以引发皮疹、哮喘等病症；美洲大蠊还能携带多种致病菌如痢疾杆菌、绿脓杆菌、变形杆菌、沙门菌、伤寒杆菌及寄生虫卵。德国小蠊分泌物可使食物变质，导致人类中毒；它同时能携带痢疾杆菌、结核杆菌、脊髓灰质炎病毒、乙肝病毒等多种致病菌和病毒。这两种蟑螂是家畜及人类许多传染性疾病的重要传播媒介。

引发皮疹、哮喘、过敏等

携带多种致病菌的
美洲大蠊和德国小蠊

3

外来物种入侵和传播途径有哪些？

外来物种入侵和传播的途径主要包括三种方式：

> **自然传播**：通过风、水流或昆虫、鸟类传带，使植物种子、动物幼虫、卵或微生物发生自然迁移。

> **无意引进**：因运输、旅行等人为活动随交通工具或行李传入新环境。大部分外来入侵物种都是通过这种方式传入的。

> **有意引进**：出于农业、林业、渔业等经济需求引入外来物种，但是因为缺乏全面综合的风险评估制度和引入后的规范化管理措施，部分物种逃逸或扩散，形成入侵。

自然传播：风、水流与生物媒介

无意引进：运输、旅行等

有意引进：经济利益驱动的物种引入

3.1 气候变化如何促进外来入侵物种的传播？

气候变化可能会改变物种的分布范围，使得原本不适应某个区域的物种得以生存和繁殖，从而促进了外来入侵物种的传播。此外，生物防治对于外来入侵物种的防治效力也可能由于其对气候变化的不适应而减弱，从而致使外来入侵物种失控并再次大范围传播。

气候变化促进外来入侵物种扩散

外来物种因海冰融化被引入

外来物种因气候变暖入侵新的生活环境

极端气候给外来物种入侵创造了更多条件

外来入侵物种在更高的气温和二氧化碳浓度环境中变得更有竞争力

外来物种因生长季节变长而提早发生且生存时间更久

除草剂在更高二氧化碳浓度环境中效率变差

3.2　国际贸易在外来物种入侵方面扮演什么角色？

　　国际贸易是外来物种传入我国的主要途径之一。货物运输、植物和动物的国际贸易可能无意中携带外来物种。初步统计，我国有超过一半外来入侵植物是随进口粮谷等国际贸易无意携带传入的。

3.3 园艺植物和宠物动物的买卖对外来物种入侵是否有潜在风险？

未经充分风险评估的园艺植物和宠物动物的买卖可能会引入新的外来入侵物种，因为这些物种可能在新环境中成为入侵者。

外来物种入侵
科普问答

4

如何有效识别和了解外来入侵物种？

4.1 **从哪里可以获悉外来入侵物种的种类和动向？**

▶ 可以通过政府部门、科研机构等发布的信息了解外来入侵物种的种类和动态。2022年，农业农村部等六部门联合发布了《重点管理外来入侵物种名录》，将59种外来入侵物种纳入名录。

重点管理外来入侵物种名录

▶ 可通过查询外来入侵物种相关的数据库获取信息。如中国外来入侵物种信息系统（https://www.plantplus.cn/ias/）、中国外来入侵和归化植物名录（https://www.cvh.ac.cn/iapc/）等。

中国外来入侵物种信息系统　　中国外来入侵和归化植物名录

➤ 可通过专业图书查询获取物种的信息。如《生物入侵：中国外来入侵植物图鉴》《生物入侵：中国外来入侵动物图鉴》《中国外来入侵物种编目》《中国外来入侵植物志》等。

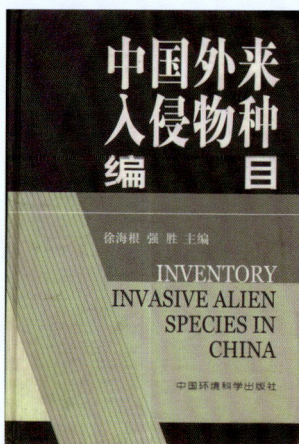

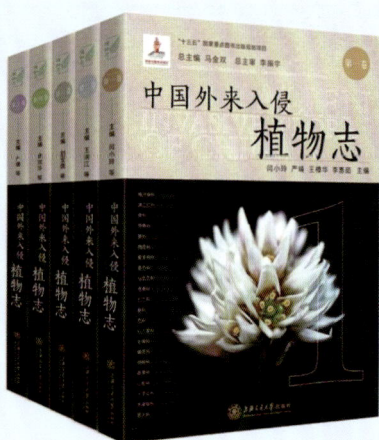

外来物种入侵
科普问答

4.2　如何识别外来入侵物种?

通过学习外来入侵物种的特征、生态习性等知识,提高识别能力。也可以借助人工智能物种识别软件来识别外来入侵物种。

4.3 如何判定一个物种是否为外来入侵物种？

▶ **查身份：**确认该物种在我国有无自然分布，是否属于"外来户"。

▶ **验生存：**观察其在野外是否建立种群，且分布范围持续扩大。

▶ **评危害：**核实是否造成本地生物多样性减少、农林牧渔业损失，或传播疾病。

▶ **搜证据：**搜索该物种是否列入我国外来入侵物种相关名录或名单，或咨询当地农林业部门，或将标本送至专业鉴定机构进行鉴定。

入侵物种

本地物种

4.4 本地是否有外来入侵物种？

关注本地的生态环境监测报告和相关新闻，了解本地是否有外来入侵物种的出现。

5

可以采取哪些措施防止外来入侵物种的引入和传播？

5.1 外来入侵物种防控的法律法规和政策有哪些？

➤ 2020年10月17日，第十三届全国人民代表大会常务委员会第二十二次会议通过了《中华人民共和国生物安全法》（以下称《生物安全法》），并自2021年4月15日起施行。《生物安全法》第六十条规定："国家加强对外来物种入侵的防范和应对，保护生物多样性。国务院农业农村主管部门会同国务院其他有关部门制定外来入侵物种名录和管理办法。国务院有关部门根据职责分工，加强对外来入侵物种的调查、监测、预警、控制、评估、清除以及生态修复等工作。任何单位和个人未经批准，不得擅自引进、释放或者丢弃外来物种。"

扫码阅读《生物安全法》全文

► 2022年4月22日，经农业农村部第4次常务会议审议通过了《外来入侵物种管理办法》，并经自然资源部、生态环境部、海关总署同意，予以公布，自2022年8月1日起施行。加强外来入侵物种管理总的考虑是：坚持风险预防、源头管控、综合治理、协同配合、公众参与，突出重点领域和关键环节，建立健全管理制度，强化联防联控、群防群治，全面提升外来入侵物种管理水平。一是加强全链条监管。《外来入侵物种管理办法》对外来入侵物种源头预防、监测预警、治理修复等方面作出规定，从各个环节进一步加强外来入侵物种防控，构建全链条防控体系。二是明确职责分工。农业农村部会同有关部门建立外来入侵物种防控部际协调机制，县级以上地方人民政府依法对本行政区域外来入侵物种防治负责，县级以上地方人民政府相关部门按职责分工开展防控工作。三是引导公众参与。加强宣传教育与科学普及，鼓励引导公众依法参与防控工作，任何单位和个人未经批准，不得擅自引进、释放或者丢弃外来物种。

农业农村部规章

外来入侵物种管理办法

（2022年5月31日农业农村部 自然资源部 生态环境部 海关总署令第4号公布 自2022年8月1日起施行）

扫码阅读《外来入侵物种管理办法》全文

5.2 负责防控外来入侵物种的机构有哪些？

根据《外来入侵物种管理办法》，我国负责防控外来入侵物种的机构包括以下部门：

(1) 农业农村部

➤ 牵头建立全国外来入侵物种防控部际协调机制，统筹协调重大问题。

➤ 制定外来入侵物种名录、技术规范，组织全国普查和监测，成立防控专家委员会。

➤ 指导农田生态系统、渔业水域等区域的外来入侵物种防控。

(2) 自然资源部（含海洋主管部门）

➤ 负责近岸海域、海岛等区域的外来入侵物种监督管理。

(3) 生态环境部

➤ 监督外来入侵物种对生物多样性的影响。

(4) 海关总署

➤ 强化口岸检疫监管，打击非法引进、携带、寄递、走私外来物种行为。

➤ 对高风险外来物种依法处置。

(5) 国家林业和草原局

➤ 负责森林、草原、湿地生态系统及自然保护地的外来入侵物种防控。

(6) 地方人民政府相关部门

➤ **农业农村主管部门：**负责本行政区域内农田、渔业水域的防控。

➤ **林业草原主管部门：**负责森林、草原、湿地等区域的防控。

➤ **自然资源（海洋）主管部门：**负责沿海区域防控。

➤ 生态环境主管部门：监督生物多样性影响。

➤ 其他主管部门：如高速公路沿线、城镇绿化带、花卉苗木市场等区域的防控由相关职能部门负责。

（7）跨部门协调机构

➤ 国务院及省级政府建立外来入侵物种防控协调机制，统筹多部门协作。

这些机构通过分工协作，共同构建从源头预防、监测预警到治理修复的全链条防控体系。

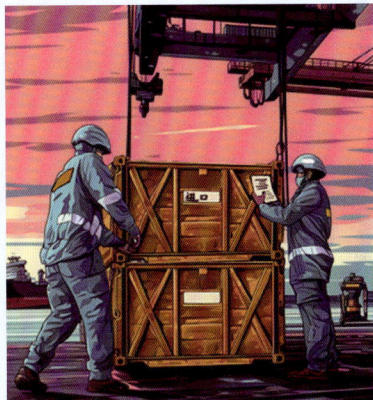

5.3　外来入侵物种的防治技术措施有哪些？

➤ 监测和预警：建立全国外来入侵物种监测网络，进行常态化监测。根据监测信息分析研判外来入侵物种的发生、扩散趋势，及时发布预警预报，指导防控工作。同时，由农业农村部等国务院有关部门统一发布外来入侵物种的相关信息。

▶ **治理：** 对于已经入侵的物种展开物理清除（人工或机械铲除入侵植物、用灯光诱杀入侵昆虫、针对性捕捞入侵水生物种）、化学灭除（喷洒除草剂、杀虫剂等）以及生物防治（施放针对外来入侵物种的生物天敌或病原体）。

▶ **修复：** 因地制宜采取种植乡土植物、放归本地物种等措施，对外来入侵物种发生区域进行生态系统恢复。

物理防治：针对性捕捞

化学防治：喷洒杀虫剂、除草剂

外来物种入侵
科普问答

生物防治：释放寄生蜂天敌

5.4 是否开展防控生物入侵的国际合作？

▶ 我国一直积极参与防控生物入侵的国际合作。例如，我国曾多次主持举办国际生物入侵大会。首届国际生物入侵大会于2009年在福州召开，第二届国际生物入侵大会于2013年在青岛召开，第三届国际入侵生物学大会于2017年在杭州召开。

第三届国际入侵生物学大会剪影

➤ 此外，自2020年联合国粮食及农业组织启动实施全球草地贪夜蛾防控行动以来，中国农业科学院与联合国粮食及农业组织共同设计并实施中国-联合国粮农组织南南合作项目"加强区域协作以实现草地贪夜蛾的可持续防控并促进全球粮食安全"。2022年，中国农业科学院与联合国粮食及农业组织共建了创新平台，努力发挥技术与人才优势，在南南合作框架下为发展中国家农业科技体系建设提供有效解决方案。

5.5 社会大众如何帮助防止外来入侵物种扩散？

➤ 积极了解物种入侵的相关知识、参与科普活动、了解常见的外来入侵物种。

➤ 主动参与外来入侵物种的监测活动，发现外来入侵物种后向当地农业、林业或渔业部门报告。

➤ 不参与外来入侵物种的买卖活动，发现相关活动或商家可以向市场监管部门举报。

➤ 不随意放生。